T 2660:
O.d.x.

ESSAI SOMMAIRE

SUR

L'ETIOLOGIE

Et la nature des moyens curatifs de certaines maladies, spécialement des fièvres inflammatoires (angéi-oténiques), et des putrides (adynamiques), avec quelques Considérations sur l'altération de la fibrine, la peste, les avantages de dénominations nouvelles des fièvres ci-dessus; l'indivisibilité de la doctrine médicale; l'influence chimique, nécessaire dans le corps du médicament , etc.

Quidquid in morbo est , in causâ ejus inveniri debet. Utilissima ergò et maximè necessaria, illic indagatio habet r. § 67.

Institut. Pathol. Med.
Auc'ore H. D. GAU BO.

Par J.-G. GOGUELIN , D.-M.

A SAINT-BRIEUC,

De l'Imprimerie de PRUD'HOMME. — 1819.

ESSAI SOMMAIRE

SUR

L'ÉTIOLOGIE

Et la nature des moyens curatifs de certaines maladies, spécialement des fièvres inflammatoires (angéio-téniques), et des putrides (adynamiques), avec quelques Considérations sur l'altération de la fibrine, la peste, les avantages de dénominations nouvelles des fièvres ci-dessus ; l'indivisibilité de la doctrine médicale; l'influence chimique, nécessaire dans le corps du médicament, etc.

§ I.er

LE célèbre Bichat dit (V. Rech. Physio. sur la vie et la mort, p. 1.) : « la vie est l'ensemble de toutes les fonc- » tions qui résistent à la mort. » Dans cet ensemble de fonctions diverses, la nutrition n'est pas la moins importante, puisqu'elle répare le dépérissement du corps, la conséquence nécessaire et directe des pertes continuelles qu'il fait de tant de manières, enfin les effets, l'animalisation, etc., de la dénutrition générale ; mais, pour remplir la première de ces fonctions, la nature emploie deux moyens distincts et nécessaires : la faculté du système organique, général, digestif, plus ou moins, on le sait, différent dans chaque espèce d'animal, et la partie élaborable et ainsi disgestible, nutritive, enfin vivifiable, de tout moyen, simple ou composé, qui parvient dans la masse des humeurs par une voie quelconque ; d'où il résulte que, de cette élaboration , etc., des molécules, d'abord inertes, sont, par le phénomène de la vie même, nécessairement et successivement organisées, désorganisées, remises à l'état chimique, et enfin éliminées du corps, étant alors nuisibles à son état physiologique ; mais ces molécules, ces particules organiques, intègres sont donc les remplaçantes de celles qui ne cessent de se détacher, d'abandonner ces parties, les fluides et les solides ; c'est du moins ainsi que nous concevons le phénomène général de la nutrition et de la dénutrition animales, successives, peut-être même simultanées ; mais le jeune médecin doit toujours se rappeler que telle molécule nutritive peut différer nécessairement de telle autre, par le nombre, la proportion, la modification ; enfin la nature variée de ses principes constituans (nous ne parlerons spécialement dans cet essai que de l'*oxigène* et de l'*azote*). Si donc un de ces principes prédomine ou est exagéré dans ces particules nutritives et ainsi remplaçantes, il faut alors l'en soustraire, s'il est possible, en proportion motivée, ou au moins tâcher de mettre les autres en harmonie de proportion physiologique avec lui : par exemple, un acide prédomine-t-il dans le corps, alors l'indication curative directe est de prescrire des ammoniacs : ils neutralisent l'influence de tout acide ; nous en donnerons dans la suite quelques observations pratiques. Ces molécules réparatrices donc des fluides et des solides y portent, y fixent, ainsi que le médicament, nécessairement avec elles-mêmes, leur principe prédominant ou même exubéré, que d'ailleurs toute la faculté vitale ne peut ni créer, ni métamorphoser en un autre, ni enfin détruire (l'oxigène est toujours oxigène, l'azote est toujours azote); mais elle peut éliminer du corps une plus grande proportion de tel principe que de tel autre, et même le modifier, le neutraliser par la combinaison de quelqu'autre principe ou composé ; d'où il résulte que, quand la vie extrait du corps proportionnellement plus d'oxigène que d'azote, son animalisation est accélérée, ce dernier principe étant donc le plus animalisant, le plus putrescent ; mais, si au contraire elle en éliminoit une plus grande proportion d'azote que d'oxigène, le principe simple le plus acidifiant de la nature, il, le corps, passeroit alors nécessairement à l'état pathologique acide. D'ailleurs la prépondérance individuelle de ces deux principes est la cause immédiate de la diathèse ou inflammatoire, ou putride, suivant leur nature spéciale, comme leur exagération l'est nécessairement aussi dans ces deux ordres de maladies, les inflammatoires et les putrides. L'on sait d'ailleurs encore que la nature spéciale de la diathèse détermine primitivement celle de la maladie qui vient s'établir sur elle ; ce phénomène pathologique est journellement observé. Enfin, le jeune médecin, pour mieux entendre ce que nous nous proposons de dire dans la suite de cet essai, doit se rappeler les notions préliminaires générales, qui entrent donc dans les diverses assertions que nous venons d'avancer, et que nous tâcherons de prouver et par quelques comparaisons, et par quelques observations qui nous semblent être fondées.

§ II.

L'herbivore, à l'état physiologique, a un sang rouge et fort ; des muscles nécessairement de même couleur, denses et bien prononcées, sans doute à raison du degré de proportion et de densité de la fibrine du sang, de laquelle cet organe du mouvement semble faire exclusivement la sécrétion, pour se l'identifier ; une graisse

blanche, abondante, concrète, même à l'état de suif ;
des excrémens sans odeur putride, et même peu susceptible d'en prendre ; enfin, il a bien une diathèse animale ; mais aussi est-elle nécessairement une des moins in-
tenses, c'est-à-dire, une des moins azotées, tandis que
son aliment naturel lui est fourni en suffisante quantité
pour sa nutrition, intègre et récent, et que surtout il
peut l'aller paître : car, s'il n'en étoit pas ainsi, sa santé
et conséquemment sa diathèse s'altèreroient nécessairement. Trop sec, ou même déjà altéré par la fermentation qui lui est naturelle, cette espèce d'aliment a alors
perdu plus ou moins de la proportion prépondérante,
à l'état intègre de son oxigène ; de sorte qu'en ce cas
celle de son azote devient prédominante, et rapproche
ainsi ce végétal, altéré, des substances animales, ce qui
à cet état donne naissance, détermine quelque épizootie
de nature putride ; et, par suite nécessaire, si l'homme
a l'imprudence de manger la chair de cet animal, mort
de cette maladie, il est lui-même frappé de la même
manière. Mais le physis de l'herbivore, bien considéré,
et, d'après la connoissance acquise de la prépondérance
de l'oxigène sur l'azote dans le règne végétal, n'aper-
çoit-il donc pas facilement, le jeune médecin, que cette
espèce d'animal a nécessairement une diathèse spéciale
inflammatoire, ayant donc pour cause immédiate, l'influence concrétante de ce principe oxigène, en proportion supérieure à celle de l'azote ; oxigène, le semble-
t-il, dont la nature auroit fait un grand dépôt dans ce
règne végétal, pour le salut de tant d'espèces d'animaux,
dont il est l'aliment nécessaire, et pour l'homme lui-même.
L'on sait que tout moyen sensiblement oxigéné, et ainsi
donc l'oxigène, est encore un des plus efficaces anti-septiques.

§ III.

Le carnivore a au contraire un sang léger, tenu et noir, contenant ainsi peu de fibrine ; des muscles grêles, tendres et noirs aussi ; peu de graisse, presque fluide et de couleur obscure ; des excrétions portant avec elles une odeur spéciale, mais plus ou moins putride, les fécales surtout, d'ailleurs peu consistantes et de diverses couleurs ; enfin cette espèce d'animal a la diathèse la plus animalisée, la plus azotée, compatible avec l'état physiologique ; mais outre les traits, les caractères précédens, déjà si propres à en déceler la nature putride, dont la cause immédiate provient donc de son aliment contenant de l'azote en une proportion prépondérante, avec beaucoup d'hydrogène, l'on sait encore que la chair de cette espèce d'animal, toutes choses environnantes égales d'ailleurs, passe bien plus promptement à l'état putride que celle de l'herbivore ; sans doute parce que celle-ci est le produit d'un aliment portant avec lui dans le sang une grande proportion d'oxigène végétalisé : ces notions préliminaires et générales nous ont paru ici indispensables. Un jugement est nécessairement la conséquence de quelque comparaison.

§ IV.

L'homme dans le règne animal est une espèce remarquable, considéré du côté de la configuration, de la position, etc., des divers organes de son système digestif général ; il n'est exclusivement ni végétalivore, ni carnivore ; il est, quoiqu'en aient dit quelques philosophes, *omnivore*, puisqu'il digère également les substances végétales et les animales. En effet, l'histoire générale des voyages nous apprend que, par un motif

quelconque , certaines peuplades sont habituées au régime végétal exclusif, tandis que d'autres préfèrent l'a-
nimal ; mais alors la diathèse générale de chacune d'elles
et les maladies qui en sont les conséquences directes ,
découvrent nécessairement la nature spéciale des principes prépondérans dans l'un comme dans l'autre de ces
deux régimes , ce qui a tant de fois été observé dans bien
des contrées : l'histoire du scorbut , etc. , en fournit
maint exemples. D'ailleurs , l'on sait, et le jeune médecin doit constamment se le rappéler , que l'organisation
intime de l'homme , son économie animale, tend toujours à métamorphoser en sa propre substance animale,
étant donc soumises à la faculté altérante de ses organes
divers, toutes les molécules digestibles, etc., qui entrent
en lui, phénomène qui est alors d'autant plus prompt
que ces molécules sont déjà plus animalisées : aussi ,
Vanswieten dit-il (*Comm. in apho.* 84 Boerhaave) : *si*
ergò ingesta alimenta ex sua indole jam in putredinem ver-
gunt, conspirabunt simul ingestorum indoles et corporis actio
in hæc ingæsta : longè ergò promptior erit dispositio ad pu-
tredinem. Hinc solis carnibus , solis piscibus..... *sine acido ,*
sine vegetabilibus acescentibus , simul assumptis , homo diù
vivere nequit. Hippocrate savoit que toute espèce d'aliment n'étoit pas également nutritive , quand il dit *: aliud*
quod nutrit , aliud quod est quasi nutriens , aliud quod
nutriturum est. Celse n'ignoroit point aussi l'influence
nécessaire. sur l'économie animale de l'aliment végétal ,
récent, puisqu'il dit (*de medicina* , p. 1.) : *ut alimenta*
sanis corporibus agricultura , sic sanitatem ægris medicina
promittit. Mais ne sont-ce donc pas les principes pré-
dominans (nous n'entendons toujours parler que de
l'oxigène et de l'azote) , qui ont spécialement la propriété individuelle et opposée de déterminer l'état chi-

(9)

mique, ou physiologique, ou pathologique de chaque
espèce d'animal, dont chacun de ces principes, modifié
sans doute, devient, soit par sa prépondérance, soit
par son exagération proportionnelle, la cause immédiate nécessaire pour caractériser la nature spéciale des
diverses diathèses et des différentes maladies établies sur
elles? Nous ferons souvent remarquer dans la suite que le
régime animal influe et également et nécessairement sur
la diathèse de l'homme. Fontana de Crémone, dit (*v.
Mal. des Europ. dans les pays ch.*, etc., *édit. par M. Kerau-
dren, D.-M.*, 1818, p. 191) : « Les Italiens n'étant
» point *carnivores*....., contractent plus difficilement le
» *scorbut*..... ; » les Anglais, on le sait, plus *carnivores*,
les causes égales d'ailleurs, sont en conséquence bien
plus susceptibles de contracter cette maladie.

§ V.

Une bonne nutrition procure donc à l'homme des
principes réparateurs absolument utiles au maintien de
son état physiologique et même de sa vie, puisqu'il
ne peut en être entièrement privé, si ce n'est pendant seulement quelques jours, sans devenir mort, putréfié (V. § VIII) ; mais seuls, ces principes nutritifs
ne peuvent cependant suffire à son économie animale.
L'air, à l'aide des phénomènes chimiques qui, par sa
présence dans les poumons, ont lieu dans cet organe,
doit encore lui fournir, en plus ou moins grande proportion, des deux dont il est lui-même composé, à
l'état salubre ; mais ce fluide atmosphérique est susceptible d'être diversement altéré, soit à l'extérieur,
soit à l'intérieur du corps : à l'extérieur, par quelque
délétère dont les effets, par sa transmission dans le sang
sont assez sensibles et connus ; à l'intérieur, par des
principes quelconques, qui s'élèvent des poumons et
même d'autres parties, et forment avec les siens des
combinaisons nouvelles, ou salubres, ou nuisibles à la
santé. L'on sait, par exemple, que l'air expiré est
imprégné d'une plus ou moins grande quantité d'a-
cide carbonique, qui diminue sa qualité salubre, si

même elle ne le rend méphitique, dont l'on reconnoît bientôt alors les funestes effets sur l'économie animale, puisqu'à cet état, il peut éteindre subitement la vie. Le physiologiste et le chimiste présument d'ailleurs qu'il transmet, cet air salubre, immédiatement dans les veines pulmonaires, au sang veineux, noir, qui ne cesse d'y arriver. (Le célèbre Fourcroy m'écrivoit le 12 Germinal an 12 : Je suis très-disposé à croire que les nouvelles découvertes faites sur l'influence du sang noir, doivent éclairer sur la connoissance du scorbut....... V. Bichat, L. C.), de son gaz oxigénique, qui restitue à ce sang noir et sa propriété stimulante, et sa couleur rouge, qu'il perd nécessairement, en circulant dans le système artériel où il est sans cesse dépouillé de son principe rubéfiant, et d'où enfin il passe à l'état noir dans le veineux, phénomènes qui attestent assez qu'une partie de la masse du sang est alternativement dans le système général de ses divers vaisseaux, tantôt rouge, tantôt noire ; ce qui d'ailleurs ne peut exister sans un changement nécessaire dans la proportion de ses principes chimiques ; cet ordre de choses est de rigueur pour le maintien de la santé et de la vie même.

§ VI.

Sans doute, pour avoir quelqu'espoir de succès fondés dans sa pratique, le jeune médecin doit au moins généralement connoître les principes constituans : l'air, l'eau, les divers règnes, le médicament, enfin tout ce qu'il est appelé à prescrire à un malade quelconque, et se rappeler surtout lequel de leurs principes y prédomine, par sa proportion, et se fait plus facilement remarquer par sa nature, par son influence, spéciales et individuelles sur l'état du corps, tels que l'oxigène dans le règne végétal, les acides, et l'azote modifié par l'hydrogène dans le règne animal, dans l'ammoniac, etc. ;

il doit donc se rappeler encore que le premier de ces règnes semble tenir ses principes de la lumière, du calorique, de l'air atmosphérique, de l'eau, du carbone hydrogéné, de minéraux, etc., dont se sert la nature et dans sa première formation et dans sa végétation consécutive, qui donne naissance à ces divers produits immédiats, dans chacun desquels l'on trouve généralement l'oxigène en proportion prépondérante, excepté cependant dans la matière dite *végéto-animale*, où l'azote a sa prédominance ; il doit enfin observer encore ces divers produits, aux différentes époques de leur vie individuelle, savoir : à celle de la germination, de la frondaison, de la floraison, de la fructification, enfin à celle de la maturation ; car, à chacune d'elles, leur état physico-chimique n'est nécessairement pas le même : leurs propriétés nutritives, médicinales, etc., y sont aussi variées ; mais, quant au règne animal, il paroît particulièrement recevoir, étant soumis à la faculté générale et altérante de chaque espèce d'animal, aux lois de son économie, de l'air, de l'eau, du végétal, de son propre règne, etc. ; les principes qu'emploie la nature dans le phénomène de son animalisation, de son accroissement, de sa nutrition, de sa reproduction, etc. ; enfin dans ses divers produits immédiats, dans chacun desquels elle, la nature, fixe proportionnellement plus d'azote que d'oxigène, en augmentant aussi la quantité de l'hydrogène qui semble y modifier la propriété spéciale, putrescente, de ce principe azote. D'ailleurs la clinique et la chimie paroissent être d'accord sur ces phénomènes spéciaux, savoir : 1.º qu'introduire dans le corps d'un individu, malade ou non, proportionnellement plus d'oxigène que d'azote, c'est donc l'oxigéner, le végétaliser, et ainsi le désanimaliser (fait-on autre chose dans le traitement des fièvres putrides, adynamiques?); transmettre au corps, soit à l'état physiologique, soit à l'état pathologique, proportionnellement plus d'azote que d'oxigène, c'est l'azoter, le dévégétaliser, et ainsi l'animaliser; (il est quelquefois nécessaire de le faire (v. § X); aussi ne suffit-il donc pas au jeune praticien de connoître la nature spéciale d'une diathèse et d'une maladie, il faut qu'il sache encore au moins généralement quels principes composent les moyens prophylactiques ou curatifs qu'il est appelé à prescrire; qu'enfin l'observation d'autres médecins lui ait appris quelle est l'influence, quels sont les effets de celui qui y prédomine : sans ces notions simples, mais néanmoins nécessaires, le jeune praticien pourroit souvent, sans s'en douter, donner de l'intensité à un état pathologique quelconque, en indiquant donc des moyens curatifs qui élèveroient la proportion du principe déjà trop exagérée, qui en est la cause immédiate nécessaire, et dont il faut cependant se hâter de neutraliser l'influence morbifique spéciale, en le remettant en proportion avec les autres constituans ou ceux-ci avec lui.

§ VII.

L'organisme de tout être animé tend toujours nécessairement à l'animaliser de plus en plus, et ainsi à le dissoudre, putréfié, si sa faculté altérante n'est modifiée, n'est neutralisée, n'est enfin prévenue par quelque aliment convenable. L'homme aussi, malgré son système organique général, spécial sous quelque rapport, est soumis aux mêmes lois de cet organisme animal, commun, tantôt conservatrices, tantôt destructives, selon les circonstances; aussi pouvons-nous dire avec Baglévi, (v. *ap.*

om., *de nutri. anim.* p. 797) : *Eâdem vivimus ac morimur causâ ;* mais ce phénomène de l'animalisation paroît être principalement dû à l'élimination du corps proportionnellement plus grande de l'oxigène, principe essentiel à l'entretien de la santé et de la vie, que de l'azote. Les molécules alimentaires les plus réfractaires que l'on puisse opposer à la puissance de cet organisme, sont donc les végétales, comme étant les plus oxigénées, les subacides surtout, que quelquefois cet organisme ne peut même métamorphoser en animales ; et alors, en conservant ainsi plus ou moins de leur propension innée à la fermentation acescente, elles font, ces molécules, naître la diathèse et conséquemment les maladies acides ; dont l'oxigène est la cause immédiate nécessaire (v. § X). Quant aux molécules nutritives animales, surtout celles sans mélange de végétales récentes, car les sèches ont perdu de leur oxigène, fournies à l'homme, par le sang et la chair du carnivore, comme ayant déjà passé deux fois sous les lois de l'organisme animal, elles font nécassairement naître en lui la diathèse putride et les maladies de même nature, qui en sont les conséquences directes, par l'exagération de leur principe azote, qui en est ainsi la principale cause immédiate. L'estimable Huxam dit, (*Ess. sur les fièv.*, p. 69) : les humeurs animales sont naturellement disposées à se dissoudre et à se corrompre, à moins qu'on ne les renouvelle tous les jours par des alimens acescens. Celui qui ne se nourriroit que de poisson, de viande, d'épiceries et d'eau, seroit bientôt attaqué de fièvre putride.

§ VIII.

Mais l'homme qui, par une cause quelconque, se trouve privé de toute espèce d'aliment fluide ou solide,

et ne reçoit ainsi d'oxigène que de l'atmosphère ,
parvient nécessairement, en quelques jours seulement, à
un état putride , incompatible avec la vie : nous disons
en quelques jours , car le nombre ne peut en être dé-
terminé. L'observateur Tulpius dit cependant, en par-
lant de l'équipage d'un navire à la mer , sans vivres ,
*Observ. méd. , cap. XLIII : Homini (inquit Plinius)
non ante septimum lethalis inedia : durâsse et ultra undeci-
mum plerosque certum est....... cujus intricati erroris , nullum
finem promittenté spatioso mari, adigebantur tandem (......)
ancipiti sorti committere ; cujus carne urgentem famem , et quo
sanguine compescerent inexplebilem sitim. Sed jacta alea
(.........), destinavit primæ cædi primum hujus lanienæ
auctorem.* La faculté animalisante de la vie emploiera
d'autant plus de jours à putréfier un individu privé de
tout aliment quelconque , que sa diathèse sera plus inflammatoire , et ainsi plus oxigénée , *et vice versâ ;* car ,
dans la première diathèse , le sang étant nécessairement
visqueux et la fibre motrice dure , la puissance dissolvante a bien plus à faire que dans la dernière , où ces
parties sont déjà plus ou moins tendres , même déjà
putréfiées et ainsi trop azotées. En 1769 , le vaisseau
la Marie-Josephe, de Saint-Malo , destiné pour la traite
des noirs , à la côte d'Augol , ayant 40 hommes d'é-
quipage , pris dans l'arrondissement de ce port , partit
ainsi et eut une traversée de quatre mois ; pendant ce
temps , ces hommes parcoururent nécessairement les
mêmes latitudes , respirèrent le même air , observèrent
le même régime , firent le même service ; couchèrent
dans un lieu commun ; enfin , arrivés à ladite côte , ils
jetèrent l'ancre , le soleil se couchant , à l'embouchure
de la rivière Zaire , dont le courant portant à la mer ,

est assez fort. Néanmoins , le capitaine ayant à bord une chèvre à lait , et voyant venir un plateau de terre détaché des bords du rivage , flottant et couvert d'herbes , ordonna à cinq hommes de s'embarquer dans le petit canot , pour aller recueillir cette herbe , et de revenir de suite ; ce qu'ils firent à la hâte, de s'embarquer, presque nus , étant sous la ligne ; sans vivres, sans voile ; sans tente ; mais ils perdirent bientôt leur vaisseau de vue ; et dérivèrent ; malgré leurs efforts, avec des avirons. Ils restèrent ainsi cinq jours à la mer ; enfin ; apercevant alors le rivage , ils s'y échouèrent. Dès le troisième jour ; un de ces infortunés ; affoibli , infect, noir , emphysématé, mourut nécessairement ; deux autres ; au moment de l'échouement de leur canot , montroient les mêmes symptômes, étoient agonisans , et, à cet état chimique, ils furent abandonnés à leur malheureux sort ; par les deux derniers qui ; empoisonnés par leur propre haleine infecte et brûlante , très-foibles , de couleur rembrunie ; souffrant pour rendre quelques gouttes d'urine , se hâtèrent de chercher de l'eau potable, et quelques naturels avec lesquels ils parvinrent à Louangue, peu éloigné ; où j'étois comme premier chirurgien , sur le navire *la Poupone* , du même port que le leur , et qui les reçut. Après être rétablis , par les moyens connus, ils furent reconduits à bord de leur vaisseau : mais si ces cinq individus ne sont pas devenus morts, le même jour , et aussi à la même heure ; et si d'ailleurs deux ont survécus aux trois autres , comment donc expliquer ce phénomène , si ce n'est en admettant qu'ils n'avoient pas la même diathèse , un état chimique du corps homogène ? Plus la diathèse inflammatoire a d'intensité, plus long-temps aussi elle résiste à de telles épreuves animalisantes : nous l'avons déjà précédemment observé.

§ IX.

Une maladie a nécessairement trois causes bien distinctes : la première est la prédisposante ou interne, c'est la diathèse du corps ; et quand Gallien dit qu'il n'y a point de fièvre putride (adynamique), sans un pareil état du corps, n'est-ce donc pas dire, sans une pareille diathèse ? Mais n'en est-il pas ainsi de la fièvre inflammatoire (angéio-ténique)? La deuxième cause est la déterminante ou occasionnelle ; elle est externe, telle qu'une contagion ; il faut qu'elle donne à la cause interne assez d'intensité pour faire naître une maladie, elle est donc alors déterminante ; la troisième cause est l'immédiate : elle imprime à la maladie sa nature spéciale et ne peut disparoître sans elle ; elle en est une partie intégrante nécessaire ; aussi Gaubius dit-il (L. C. § 87) : *Tria nimirùm in se æger habet, quæ præter naturam sunt, morbum, hujus causam et symptoma ; mutuus inter hæc nexus datur ;* et § 53. *morbus...... effectus erit corporeus determinatæ potentiæ, cujus vi existit.* Quant aux causes accidentelles, les symptômes dont elles provoquent l'éruption, sont aussi fugitifs qu'elles-mêmes, et ne servent jamais à caractériser une maladie existante : c'est dans de tels cas que la perspicacité du médecin est bien nécessaire, pour éviter l'erreur, toujours plus ou moins préjudiciable aux malades. Une cause peut être modifiée par une autre, et même recevoir de celle-ci l'influence de la nature spéciale de son principe prépondérant. Le virus pestilentiel qui se mêle à une diathèse inflammatoire, cause interne ou prédisposante, produit une peste de cette nature que Sydemham a observé à Londres, etc. ; c'est la prépondérance de l'oxigène dans cette espèce de diathèse qui lui donne et maintient plus ou moins long-

temps

temps cè caractère ; mais, si ce même délétère frappe une diathèse putride, cette maladie au contraire est éminemment putride, et alors des plus aiguës : c'est dans cette dernière diathèse, autre cause prédisposante ou interne, la prédominance de la proportion de son azote qui est la cause que ce virus donne une extrême intensité à ses funestes effets.

§ X.

L'oxigène est le principe constituant, acidifiant de la nature ; combiné avec tels ou tels radicaux, il forme les acides des trois règnes, qui ont tous une propriété commune qu'ils tiennent de lui seul, et chacun d'eux une vertu aussi spéciale que celle de leurs radicaux individuels. Considéré sous ce rapport naturel, ce principe n'est-il donc pas nécessairement, ayant la prépondérance proportionnelle, ou surtout étant exubéré, la cause immédiate de la diathèse et de toute maladie, acides ? Le praticien éclairé en recueille tous les jours des observations remarquables. Le régime végétal, trop exclusif, chez les enfans en nourrice, avec sa propension naturelle à l'acescence, établit souvent dans les premières voies un foyer acide qui fournit au sang une trop grande proportion d'oxigène, qui donne donc ainsi naissance et à la diathèse et à quelque maladie, acides, qui se manifestent par des vomissemens, des garde-robes liquides, des sueurs, des urines, etc., accompagnés de tranchées, ayant cette odeur. Souvent en vain, avec des absorbans, des médecins ont-ils prétendu neutraliser cet acide ; mais la chimie ayant appris à d'autres que dans ces maladies l'azote n'étoit pas, avec l'oxigène, en harmonie de proportion, ceux-ci ont préféré et prescrit des moyens azotés, aujourd'hui, dans la pratique, généralement adop-

tés ; même aussi comme prophylactiques, par les nour-
rices. Il se fait encore quelquefois, quelqu'en puisse être
la cause, par tel ou tel organe, la sécrétion d'une humeur acide, plus ou moins abondante, rejetée du corps
par une voie quelconque, en vain combattue par des
absorbans. L'estimable Meyer en fournit un exemple
remarquable : pendant environ vingt-huit ans, il fut tour-
menté du vomissement d'une pituite aigre, pour lequel il
se prescrivit à peu près *douze cents livres* d'yeux d'écre-
visses, espérant toujours la neutraliser ; mais ce fut inu-
tilement, puisqu'il emporta avec lui-même son acide au
tombeau. Cet auteur ne fut-il donc pas plus chimiste
que médecin ? N'auroit-il pas dû essayer le régime animal, exclusif, tiré même du carnivore ? Il est encore quelques autres maladies qui demandent le régime animal :
le diabète sucré est de ce nombre, quoiqu'il ne s'y manifeste sensiblement aucune trace d'acidité exagérée ;
mais seulement la présence dans les urines qui ne con-
tiennent point alors d'ammoniaque, etc., d'une plus ou
moins grande quantité de *mucoso-sucré*, partie très-nu-
tritive, distraite de sa destination, par une cause encore
inconnue, pour être secrétée avec les urines, au détri-
ment de la nutrition générale ; mais il la végétalise trop,
cette urine, ce qu'il ne peut faire que par la grande
proportion d'oxigène qu'il contient, puisqu'il ne paroît
être que le mucilage oxidé. D'ailleurs, il est certain que
le régime animal, et même l'ammoniaque sont les moyens
curatifs les plus directs et encore suivis de plus de succès
(Lavoisier a trouvé que cent parties de sucre donnent
dans son analyse, soixante-quatre parties d'oxigène,
vingt-huit de carbone et huit d'hydrogène). L'on a
parlé aussi d'un scorbut végétal encore bien peu connu,

(existe-il ?) Il auroit pour cause déterminante, le régime de cette nature trop exclusif, et ainsi pour immédiate, l'oxigène exagéré, lorsqu'au contraire le scorbut si bien connu, que l'on peut aussi appeler animal, a, sous une atmosphère humide et surtout froide, pour cause déterminante, la privation dans le régime de tout végétal récent (car le sec a perdu de son oxigène dans sa fermentation), et pour l'immédiate, l'exubération de l'azote, puisqu'il est de nature putride (*Voyez Essai sur le scorbut, Mém. de la Soc. Roy. de Méd. de Paris*, ann. 1780 *et* 1781). Sans doute, la première de ces deux maladies, guérie par un régime animal, comme la dernière guérie par un régime végétal, son spécifique, manifestoit sans doute quelques affections et aux gencives et aux dents ; mais si l'on considère qu'il s'en montre aussi dans le diabète sucré, sans que pour cela aucun médecin ait songé à le qualifier de scorbutique, cette dénomination de scorbut végétal est-elle donc bien fondée ? D'ailleurs, ces divers phénomènes pathologiques rappellent aux praticiens l'influence individuelle de ces deux règnes. Wilson (*Trait. sur l'infl. du climat*), prétend donner une observation du scorbut végétal, guéri par le régime animal.

§ XI.

L'oxigène, considéré sous les rapports de sa faculté concrétante, probablement identifiée avec son acidifiante, et ainsi modifiée, est, par sa prépondérance, la cause immédiate nécessaire de la diathèse, et, par son exagération, celle de la fièvre inflammatoire. Cette diathèse est généralement celle de l'homme d'une forte constitution, musculeux, à poitrine large et bien prononcée ; habitant une maison assez vaste et bien ou-

verte , sisé sur un sol élevé et sec ; respirant un air salubre et buvant de bonne eau courante sur un fond sablo-
neux , et , avec discrétion , quelque boisson fermentée ;
travaillant avec modération , mangeant de bon pain et
des légumes à maturité, avec peu de viande, etc. ; mais,
pour métamorphoser cet état physiologique en pathologique inflammatoire , il lui suffit, à l'homme, d'éprou-
ver , comme cause ici déterminante , l'influence de
l'abus du vin , de liqueurs spiritueuses , . d'aromates ,
du régime succulent , trop nutritif, d'un excès de
travail , surtout à la chaleur du soleil ou du feu , d'un
accès de colère , etc. ; enfin de tout moyen propre à
multiplier en lui ce principe oxigénique, à en favoriser ,
à en exalter la propriété concrétante, et à en faire ainsi
la cause immédiate de cette fièvre et des autres maladies de sa nature , générales ou locales, ordinairement
précédées d'un frisson auquel succèdent une douleur à
la tête , une chaleur générale à la peau , avec une sorte
de bouffissure , du feu dans les yeux, la sécheresse des
lèvres , une haleine chaude , des urines hautes en couleur, une soif plus ou moins intense, un pouls fréquent,
grand et plein , ordinairement petit , plus fréquent encore et dur , si quelque viscère membraneux est phlo-
gosé , etc. ; le sang alors est trop abondant , visqueux ,
pesant, sec et contient trop de fibrine ; la fibre musculaire, toujours en rapport d'état phisico-chimique avec celui
du sang, est trop forte , élastique, irritable ; le pouvoir vital y est exalté , et la fibrine en proportion exagérée.
D'ailleurs , les idées que nous nous sommes faites , d'a-
près notre propre expérience , de l'état pathologique
spécial dans l'ordre des fièvres inflammatoires (angéio-
téniques), sont en analogie avec celles qu'en ont de Bor-

deu , Huxam , Grant , Stoll et tant d'autres auteurs distingués , qui ont observé que , sans cette fièvre , il ne peut y avoir ni coction parfaite , ni suppuration louable ; mais dans cet état de concrétion du corps , avec plus ou moins de chaleur , pourroit - on raisonnablement prescrire les mêmes moyens curatifs indiqués par une concrétion froide ? Ils augmenteroient l'intensité de la première , et ainsi détermineroient de graves accidens. L'indication curative directe de cette fièvre est donc nécessairement celle d'atténuer la masse du sang et sa viscosité , d'affoiblir la fibre musculaire et son pouvoir vital ; aussi prescrivons-nous le traitement le plus généralement connu et encore le plus heureux , c'est-à-dire , une atmosphère étendue , mobile , tempérée et salubre ; du bouillon de veau et de poulet pour aliment ; la saignée ; de l'eau légère de veau , de poulet , d'orge ; l'infusion de plantes nitreuses , le petit-lait coupé d'eau , des émulsions , même celle au jaune d'œuf , etc. , pour tisane , légèrement édulcorées et nitrées ; des clystères d'eau mucilagineuse ; même en certains cas , des bains tempérés ou froids , etc. D'ailleurs , il est un phénomène remarquable dans la contagion de la peste dont la nature est la plus putrescente avec la diathèse , et dans sa complication avec la fièvre inflammatoire , c'est de voir qu'alors et d'abord , le caractère de cette diathèse et de cette fièvre se manifeste en elle pendant plus ou moins de temps , sans doute à raison de l'intensité de leur cause immédiate , l'exubération de l'oxigène.

§ XII.

L'azote, de tous les principes connus , est le plus putrescent ; radical de l'oxigène , ils forment ensemble l'acide nitrique ; cinq de ses parties combinées avec une

d'hydrogène, composent l'ammoniaque; «mais, dit Huxam
(L. C. *p.* 145 *et suiv.*) : je suis fortement persuadé que
l'usage des sels et des esprits alcalis volatils est extrêmement pernicieux, en tant qu'ils augmentent la putréfaction des humeurs et qu'ils hâtent la destruction du corps.
L'on a remarqué que l'usage immodéré de ces sortes de
substances , lorsqu'il n'y a point de contagion , cor-
rompt et dissout le sang , et cause de pareilles fièvres ,
même aux personnes les plus saines ; et il y a de l'ap-
parence que le virus pestilentiel n'est autre chose qu'un
sel extrêmement subtil et exalté. Ce qui confirme ce
sentiment , est que les fièvres pestilentielles ne sont jamais plus fréquentes qu'après les siéges et les batailles :
ce qui vient des exhalaisons putrides qui s'élèvent des
cadavres. » La prépondérance de l'azote est donc la
cause immédiate de la diathèse , et son exagération celle
de toute maladie putride , que l'homme d'une constitution foible est le plus susceptible de contracter ; il lui
suffit alors d'être mis à l'épreuve , comme à leur cause
déterminante , de l'influence d'une habitation trop petite , mal percée , sise sur un sol bas, marécageux , où
l'eau potable coule sur un fond vaseux , où l'air se renouvelle à peine , si même il ne stagne trop long-
temps ; d'alimens visqueux , infermentés, mal cuits , peu
ou même point assaisonnés ; d'une trop grande proportion de substances animales dans le régime , si surtout
elles sont déjà altérées, sans mélange de vegétaux récens,
principalement des subacides ; de la privation de toute
boisson fermentée et de linge propre ; de l'air des hôpitaux, des prisons , etc., trop remplis , mal propres et
à petites ouvertures ; à l'influence enfin de peines mo-
rales ; car , dans de telles circonstances , l'azote se mul-

tiplie , s'exagère dans le corps et devient ainsi la cause immédiate nécessaire de toute maladie putride, fébrile ou non fébrile , aiguë ou chronique , dont les symptômes , la conséquence directe de la nature de cette cause, sont aussi variés qu'elle l'est elle-même, par les diverses modifications dont elle est très-susceptible ; mais nous allons, pour prévenir des erreurs , distinguer ces symptômes en communs et en spéciaux ou pathognomoniques : les premiers appartiennent à tout l'ordre de ces maladies , dont il n'y auroit sans doute qu'une seule et toujours la même , si donc l'azote exubéré étoit constamment modifié de la même manière ; elle varicroit seulement dans son degré d'intensité , en se mettant en rapport nécessaire, avec celui de sa cause directe ; les derniers symptômes caractérisent chaque espèce de ces maladies , et enfin , en sont ainsi les pathognomoniques , nécessairement aussi multipliés , aussi différens que la modification de ce principe azote l'est elle-même : aucun symptôme nouveau quelconque ne peut donc paroître dans cet ordre de maladies , sans une nouvelle modification ou altération de la cause immédiate , la conséquence directe et de la diathèse du malade, et de la nature de la cause déterminante.

§ XIII.

Les symptômes communs dans l'ordre des maladies putrides sont généralement et nécessairement une foiblesse sensible ; un teint jaunâtre , rembruni , même plombé ; une altération générale et marquée à toute l'habitude du corps, plus sensible encore dans les traits de la face , surtout dans les yeux ; des exanthèmes de diverses figures, grandeurs et couleurs ; un sang tenu , plus ou moins, et même noir , une fibre musculaire , débile, peu irritable, tendre, noire et bientôt dissoute ; des hémorragies passives, des syncopes spontanées, etc. Le pouls est en général petit.

§ XIV.

Les symptômes pathognomoniques de chacune des espèces de maladies de l'ordre des putrides accompagnent nécessairement les communs du même ordre et marchent aussi avec eux d'un pas égal, soit vers la diminution du degré de leur intensité, soit vers son augmentation, puisque leur cause immédiate est nécessairement de même nature ; mais sans doute, pour faire naître de ces symptômes pathognomoniques aussi variés, sur lesquels les médecins nosographes ont avec raison établis des espèces diverses de maladies en cet ordre, il est donc nécessaire, nous ne cesserons de le dire, que leur cause immédiate commune subisse, quelqu'en soit le principe, des modifications aussi différentes que ces espèces mêmes de maladies. Par exemple, l'azote exagéré, n'est-il donc pas différemment modifié, quand le bubon et l'enthrax pestilentiels se montrent, que quand certaines affections, certaines altérations simultanées, identiques, scorbutiques, paroissent ? L'on sentira enfin combien cette distinction des symptômes, en communs et en pathognomoniques, est intéressante pour le jeune praticien ; et si Diemerbroch, médecin distingué, l'eut toujours eue présente à sa mémoire, cette utile distinction, auroit-il donc donné quelquefois à penser que ces deux maladies, la peste et le scorbut, montroient quelque homogénéité ; mais, si elles ont des symptômes communs, leur histoire individuelle n'en est pas pour cela moins différente ; en effet, elles ont chacune nécessairement des symptômes pathognomoniques, qui apprennent qu'elles ne sont, dans l'ordre général des maladies putrides, que des espèces essentielles et distinctes, dont d'ailleurs la première, comme les plus efficaces pour elle, indique l'usage des acides en général, spécialement des minéraux et du quinquina, tandis que la dernière tire au contraire peu d'avantage de ces moyens, si elle n'est donc pas compliquée d'une fièvre nécessairement putride. En effet, toutes les nations des zônes glaciales et les maritimes de l'Europe ne reconnoissent-elles donc pas que les acides végétaux, et même tout végétal récent, infermentés, en sont le spécifique éprouvé tant de fois? *Imò*, dit Rouppe (*V. Tract. de morb. navig.* p. 182), *hoc unico auxilio admoto, plerumquè et medico et medicamento carere possunt scorbutici.* Cependant tous ces moyens transmettent au sang beaucoup d'oxigène, mais c'est que ce principe, dans ces divers moyens, n'y est pas modifié de la même manière. M. Jourdanet, D.-M., n'a-t-il donc point erré aussi, quand il dit (*Diss. sur l'analog. du scorb. avec la fièv. putr.*, p. 98.): « le scorbut ne diffère de la fièvre putride qu'en ce que sa marche est plus lente et plus tardive..... La fièvre putride n'est qu'un scorbut aigu..... Le scorbut n'est qu'une fièvre putride chronique. » (*V. aussi mes Mémoires sur le scorbut.*)

§ XV.

Il semble donc, il est même évident, d'après les considérations précédentes, que l'azote est de tous les principes connus, le plus putrescent ; que, modifié d'une manière uniforme, il est alors la cause immédiate commune de tous les symptômes, communs aussi à toute maladie de l'ordre des putrides ; qu'enfin, modifié encore de telle ou telle autre manière, il est alors la

cause immédiate , mais spéciale de chacune de leurs espèces, en ce cas nécessairement variable, différente comme sa modification l'est elle-même. Si donc l'on convient
avec nous que l'azote , dans ces maladies, y joue un tel
rôle , alors la première idée que concevra le jeune médecin inexpérimenté , appelé pour une maladie de
cette nature , sera nécessairement celle d'essayer d'en
soustraire du corps une partie et d'en rabattre ainsi l'influence ; mais nous ne connoissons point le moyen d'y
parvenir sans quelque danger dans tout état adynamique , qui supporte si difficilement des évacuations quelconques ; d'ailleurs, elles favorisent, elles accélèrent l'intensité des maladies de cet ordre ; ainsi le seul et premier moyen que nous connoissons et conseillons alors,
est donc , quoiqu'indirect, celui qui doit et peut dimi-
nuer dans ces malades la proportion exagérée de l'azote,
la cause immédiate , mais en élevant , en exubérant
même celle de l'oxigène qui, par sa faculté concrétante,
en neutralise l'influence dissolvante , surtout si cet oxigène est secondé des effets du principe amer , principalement de celui du quinquina ; aussi prescrivons-nous
dans ces vues , d'après l'expérience de médecins éclairés , et la nôtre propre, 1.° une atmosphère pure , autant qu'il est possible ; 2.° le régime végétal , le subacide
surtout et récent ; 3.° l'usage des acides en général ;
4.° enfin le quinquina ; et à son défaut d'autres toniques amers ; mais ces moyens oxigènent-ils donc ainsi
que nous le prétendons ? C'est ce que nous allons essayer
de prouver dans les quatre paragraphes suivans.

§ XVI.

1.° Une atmosphère est pure et salubre donc dans un
lieu quelconque où elle est souvent renouvelée par une

qui l'est elle-même, ne contenant alors que la proportion de ses principes propres, voulue par la nature.
L'on ne doit, si elle est altérée, la renouveler que par
une autre qui le soit moins qu'elle ; mais, s'il n'est pas
possible de le faire, il faut alors, par les moyens simples et connus, y mettre en vapeurs gazeuses, l'acide
muriatique suroxigéné, ou même le nitrique, pour rétablir la proportion de l'air vital, qui peut donc manquer
à cette atmosphère et neutraliser en même temps les délétères qui l'avoient neutralisé lui-même : d'ailleurs, que
l'on se rappelle l'influence de l'air vital atmosphérique, d'après les phénomènes chimiques qui ont lieu
dans les poumons, sur le sang noir, qui ne cesse d'y
arriver. Ainsi, un malade enveloppé d'une atmosphère,
pure naturellement ou artificiellement, n'est-il donc pas
oxigéné par la voie des poumons, etc.? ce phénomène
est à toute époque de la vie absolument nécessaire.

§ XVII.

2.° Le régime de végétaux récens, des subacides surtout, à maturité, infermentés, porte naturellement dans
le sang une plus grande proportion d'oxigène que d'a-
zote, dont il prévient et borne nécessairement la faculté
animalisante et ainsi putrescente, dès qu'il est, cet
azote, en proportion exagérée. D'ailleurs, n'est-ce donc
pas pour prévenir ses effets morbides que le médecin
prescrit l'usage de toute substance animale, comme de
tout moyen surazoté, dans l'ordre des putrides, dont
la cause immédiate est donc nécessairement l'exubération, ainsi que nous l'avons suffisamment prouvé, de
ce principe azote ? Le régime végétal n'oxigène, ne vé-
gétalise-t-il donc même pas le corps ?

§ XVIII.

3.º L'usage des acides minéraux et des végétaux, si généralement recommandables dans le traitement des maladies putrides, les premiers surtout dans l'adéno-nerveuse, en portant donc abondamment dans le sang de l'oxigènē, peu ou même point d'azote (ce principe est le radical de l'acide nitrique dans la proportion de vingt pour cent), ne neutralisent-ils pas, comme les acides végétaux, récens, les effets putrescens de l'azote surabondant ? ne désanimalisent, n'oxigènent-ils donc pas ? Il le faut alors nécessairement.

§ XIX.

4.º Enfin, le quinquina (et aussi quelques autres toniques amers), parmi les principes qu'il peut transmettre au sang, nous en distinguons seulement deux, dont l'efficacité dans ces maladies nous paroît importante, l'oxigène et l'amer : le premier entre nécessairement dans la composition de l'acide remarqué dans son extrait, dans sa décoction, dans sa partie tonique, et semble avoir quelque analogie avec le gallique ; quant au dernier, l'amer, s'il est un composé, nous n'en connoissons point encore les principes ; mais, entre l'amer et l'oxigène, n'y auroit-il donc pas plus ou moins d'homogénéité, quand celui-ci concrète et que celui-là robore puissamment ? Entre concréter et roborer, y a-t-il une différence essentielle ? L'un et l'autre ne rapprochent-ils donc pas les particules organiques, animales ? Ainsi, ils désanimalisent, ils sont anti-septiques, enfin ils oxigènent.

§ XX.

Quant aux excitans, aux stimulans, ils ne sont en

soi que des moyens auxiliaires indirects ; mais considé-
dérés du côté de leurs effets dans cet ordre de maladies,
ils méritent d'être scrupuleusement observés , distingués ; car les uns , tels que les vineux , les alcooliques
même , les aromates , les toniques amers , le sucre ,
etc. , en n'y déterminant ni foiblesse , ni irritation ; ni
évacuation , ni l'élévation de la fièvre , ni enfin plus
d'intensité dans sa cause immédiate ; ces excitans ; di-
sons-nous , peuvent être d'utiles auxiliaires des moyens
curatifs directs ; mais en est-il donc de même de l'em-
ploi trop commun des alcalescens ; tels que l'acétite
ammoniacal, l'ammoniaque surtout , le liniment volatil
en frictions , les sinapismes fixes ou ambulans , et
particulièrement les vésicatoires, dont les effets sensibles
sont bientôt suivis de gangrène ; d'hémorragies passives ;
enfin de tant d'autres et funestes accidens que le célèbre
Baglivi a signalés , en disant (L. C. *p.* 653) : *Status
sanguinis ad dissolutionem colliquationemque tendens , om-
ninò prohibenda sunt vesicantia... posteâ tamen sæpissimè obser-
vavi......... febris maximum incrementum , ob dissolutam
scilicet magis magisque sanguinis massam à caustico can-
tharidum sale et ab acri pariter materiâ.* Huxam dit aussi
(L. C. *p.* 14) : « d'ailleurs , comme les sels de ces
mouches agissent à peu près de la même manière que
les sels alcalis volatils , ils ne peuvent que hâter la dissolution , et par conséquent la putréfaction du sang. » Si
donc ces derniers stimulans portoient au contraire dans
ce fluide une suffisante proportion d'oxigène *végétalisé*,
sacchariné , toutes les conséquences de sa dissolution
n'existeroient pas long-temps ; sa fibrine seroit alors
remise et maintenue à son état d'intégrité, elle cesse-
roit donc d'être altérée : en effet , combien de fois n'a

pas été très-utile dans les fièvres putrides, dans la peste même, la simple potion du mélange de vin, de suc de limon et de sucre.

§ XXI.

La fibrine paroît être la partie du corps la plus azotée ; elle fait, on le sait, une des trois parties intégrantes du sang dont elle lie les molécules ; le muscle l'en secrète presque exclusivement, l'élabore, s'en nourrit, l'assimile, l'attache à ses propres particules organiques ; elle est susceptible de se multiplier dans le sang et ainsi dans le muscle ; de devenir donc en certaines circonstances plus ou moins exagérée, trop dense, enfin la cause déterminante nécessaire des maladies de l'ordre des inflammatoires (V. § XI) ; mais aussi, par des circonstances opposées, la fibrine encore, loin d'augmenter, de s'exubérer, de prendre de la densité, diminue au contraire de proportion, de consistance, se dissout même et disparoît ainsi du sang ; et, sans doute alors, le muscle, toujours en rapport de diathèse avec lui, perd donc de son ton, de son irritabilité, de son pouvoir vital, s'amollit, se dissout, ne pouvant secréter du sang la fibrine où elle est d'ailleurs déjà altérée, si même il en contient encore ; il est enfin alors, cet organe du mouvement, nécessairement à un état adynamique, plus ou moins élevé (V. § XIII). Le célèbre Fourcroy confirme les assertions précédentes, en disant (*V. Mém. de la Soc. royale de méd. de Paris, ann.* 1782 *et* 1783, p. 5oo) : « j'ai examiné le sang d'un scorbutique très-avancé, sortant en abondance d'une gencive scarifiée (*celte opération est dangereuse et d'ailleurs bien inutile*)...... Je l'ai passé à travers un tamis de crin très-fin : je n'ai pu en tirer de matière fibrine ; tandis que le sang des hommes sains m'a donné depuis un huitième jusqu'à un quart de cette matière. » Mais combien le sang, à l'état inflammatoire, n'en donne-t-il pas? D'ailleurs, ce que nous venons de rappeler, ne prouve-t-il donc pas assez que la fièvre, dite inflammatoire-putride, ne peut réellement exister, et qu'elle est simple, ou bien plutôt composée de ces deux fièvres ; même mieux, de deux périodes de nature les plus opposées, qui se succèdent immédiatement, parce qu'alors la cause déterminante est d'une nature putrescente et réfractaire, et continue ainsi de frapper la diathèse inflammatoire, dont la durée est dans de telles circonstances, encore d'autant plus courte que le traitement prescrit en est plus indiscrètement antiphlogistique, surtout par la saignée. Dazille (*Observ. sur les malad. des nègres, leurs causes, etc.*, p. 43) le fait judicieusement remarquer. J'ai vu moi-même aux Amériques, le phénomène de la métamorphose de la première de ces fièvres, l'inflammatoire, en la dernière, la putride, par suite de ce traitement, le plus efficace pour soustraire du corps le principe oxigène, l'anti-septique, qu'il falloit cependant y ménager, contre l'influence putrescente de la contagion, de l'azote, quel qu'en peut être le foyer. Combien étoient surpris, en voyant cette métamorphose, les auteurs de ce traitement aussi antiphlogistique ! Etant médecin de l'hôpital militaire de Hennebon, j'eus plusieurs fois l'occasion d'observer cette métamorphose, à l'époque dernière de la reprise de Quibéron, dont les Anglais, des émigrés Français et des chouans s'emparèrent, mais où ils furent tous pris, les premiers exceptés. Ainsi prisonniers, ils furent amoncelés nécessairement çà et là, avec trop peu de précautions. Les hôpitaux furent bientôt aussi trop pleins ; il y avoit beaucoup de blessés ; bientôt encore les fièvres des prisons et des hôpitaux se manifestèrent ; elles devinrent épidémiques dans un grand arrondissement du canton ; elles furent dyssentériques chez plusieurs individus ; elles firent un très-grand nombre de victimes çà et là , parmi lesquelles se trouva un des médecins de l'hôpital militaire de Vannes : j'observai donc, dans cette malheureuse circonstance , que la diathèse des émigrés et des chouans n'étoit pas putride , au moment de la contagion , et qu'elle le devenoit bientôt , sans la favoriser sans doute , mais qu'il n'en étoit point ainsi d'autres Français extraits des prisons de l'Angleterre ; aussi en mourut-il proportionnellement plus que de ceux avec une diathèse inflammatoire ; ainsi , quand M. Leblond dit (*V. obser. sur la fièv. jaune*, p. 103) : « cette légion de symptômes qui se compliquent et se succèdent plus ou moins rapidement , sont à mes yeux ceux d'une fièvre éminemment putride , *inflammatoire* dans son principe » ; n'apprend-il donc pas que la contagion a frappé une *diathèse inflammatoire* , mais plutôt ou plus tard métamorphosée en putride , par l'existence trop prolongée du foyer contagieux ? N'en est-il donc pas encore ainsi de la peste même dont parle (*Observ. de Febrib.* , etc. , p. 142) de Mertens , avec tant de connoissances ? L'on y lit : *Et pestis vario modo homines necet , atque improvisis stupendisque symptomatibus omnem doctrinam fallat.* En effet , si donc le virus de cette fièvre adéno-nerveuse se mêle à une diathèse inflammatoire , alors elle montrera nécessairement aussi dans son principe tous les caractères de cette nature : mais susceptibles d'être plus ou moins promptement métamorphosés en putride , si donc la source de ce virus n'est bientot détruite (Sydenham ,

Paris ,

Paris, etc., parlent de cette espèce de peste, appelée in-flammatoire) ; et ce n'est alors que la perspicacité éclai-rée de l'observation même, qui puisse prévenir les con-séquences aggravantes du traitement trop anti-phlogis-tique, puisque l'oxigène y est un des moyens curatifs, les plus efficaces et nécessaires. (V. § XVI *et suiv.*)

§ XXI.

La fibrine est encore le genre d'humeur qui joue le principal rôle dans les maladies des deux ordres ci-des-sus ; aussi est-elle nécessairement la première altérée. Dans les inflammatoires, trop abondante, trop con-crète, elle donne au sang une viscosité telle qu'à la pre-mière occasion il stagne dans les vaisseaux capillaires, les obstrue, d'où s'ensuivent des dépôts suppurés, des gangrènes, la mort même, plus ou moins subite, si donc, par les moyens connus (v. § XI), l'on ne se hâte de soustraire de ce fluide sanguin, de l'atténuer pour le rendre plus perméable, et ainsi, comme le dit Milman (*Rech. sur le scorb. et les fièv. putr.*), abaisser le pouvoir vital trop élevé, et encore ramollir la fibre mo-trice trop dense. Dans les maladies putrides au contraire, par sa trop petite proportion, le défaut de concrétion, sa dissolution et même son entière disparition, la fibrine alors ne transmet plus au sang la quantité propre à maintenir le corps à l'état physiologique, à aglutiner, à lier entr'elles les molécules intégrantes, qui semblent, celles du sang, en ce cas, être éloignées les unes des autres, être confondues sans ordre et traverser trop rapidement le système capillaire sanguin, jusqu'à la sur-face des divers organes, où, comme par diapédèse, il forme les hémorragies passives, s'il ne s'extravase, s'il ne s'infiltre, s'il ne devient ainsi la matière de dépôts

généralement gangréneux, sphacéloïdes, qui amènent
bientôt et nécessairement la mort. Si donc, par les
moyens connus (v. § XVI *et suiv.*), l'on ne peut
parvenir à rétablir la fibrine à son état d'intégrité, et
ainsi à restituer à la fibre musculaire la densité qui lui
manque nécessairement ; à relever, comme le dit encore Milman, le pouvoir vital trop abaissé, alors c'en est
fait de ces malades trop animalisés ; la dégénérescence
putride est extrêmement rapide ; enfin ils passent, ils
tombent nécessairement encore à l'état chimique. Tous
ces phénomènes destructeurs ne sont-ils donc pas fré-
quemment observés ? ne se sont-ils pas montrés en divers
lieux dans la peste, à l'hôpital saint Louis, à Paris ; à
Riga, dans le scorbut, etc. ? Le docteur Reil, en disant
(*Trait. sur les conn. et le trait. des fièv. putr.*) que les maladies en général, regardées comme des affections de tous
les systèmes organiques, tiennent essentiellement à quelque altération de la *matière animale*, et que la cause pro-
chaine n'est qu'une pareille *altération*, n'entend-il donc
pas parler de la *matière fibreuse* ? Quelle est donc celle du
corps plus animalisée qu'elle ? L'on lit d'ailleurs (*Précis
hist. de la mal. de l'Andalousie, en* 1800, p. 264, *par
Berthe, médecin distingué*) : « ce que j'ai dit des divers
accidens qui accompagnent la fièvre jaune.... s'applique
aux hémorragies, aux sueurs sanguinolentes, à la dissolution du sang.... : ceux-ci tiennent absolument.... à un
état d'atonie radicale, et à cet état particulier des fluides
que nous ne pouvons connoître qu'en admettant un af-
foiblissement dans le *nexus vital*, qui en lie les parties
élémentaires ; » mais ce *nexus* n'est-il donc pas nécessairement la *fibrine* intègre ?

§ XXII.

Sur quoi le nosographe s'est-il autorisé à faire de la peste un ordre particulier dans la classe générale des fièvres ? N'est-elle donc pas seulement une espèce dans l'ordre des putrides ? En effet, l'anthrax et le bubon qui la caractérisent, sont-ils toujours plus pernicieux que la gangrène, le sphacèle, observés dans le typhus, dans les fièvres des hôpitaux, des prisons, etc., même dans le scorbut ? Est-elle, la peste, plus contagieuse que ces fièvres, en certains cas ? Sa cause déterminante, comme la leur, n'émane-t-elle pas d'un foyer putride ? Sa cause immédiate n'est-elle pas homogène à la leur, puisqu'elle ne produit que des effets similaires ? Si encore les principes de sa cause immédiate ne sont pas absolument connus, ne peut-on pas les soupçonner être de même nature, lorsque ses conséquences montrent les mêmes caractères, les mêmes dangers ? Lui connoît-on d'autres moyens curatifs, des spéciaux, non encore indiqués, prescrits, que ceux de ces fièvres ? Demande-t-elle d'autres précautions, pour en prévenir la contagion, la propagation, qu'elles-mêmes ? Est-ce donc son histoire qui peut autoriser à en faire un ordre particulier ? La maladie qui n'a rien de commun avec telle ou telle autre, est la seule, ce nous semble, dont l'on doive faire un ordre singulier, pour la mieux faire connoître ; mais ayant, la peste, des signes, des symptômes communs aux maladies de l'ordre des putrides, accompagnés de ses pathognomoniques, nous concevons qu'elle n'est essentiellement qu'une espèce dans cet ordre. Enfin, sur quoi donc est fondé l'isolement que l'on en fait ? Constantinople ne la voit plus se multiplier autant.

§ XXIII.

Mais, si le chimiste, d'après des analyses exactes et multipliées, est autorisé à dire : 1.º le végétal est un animal, plus de l'oxigène; 2.º l'animal est un végétal plus l'azote, modifié par une surabondance d'hydrogène; le médecin, d'après des observations pratiques, ne l'est-il donc pas aussi à dire lui-même : 1.º la fièvre inflammatoire est une fièvre putride, plus de l'*oxigène* exagéré (sa cause immédiate); 2.º la fièvre putride est une fièvre inflammatoire, plus l'*azote* exubéré, modifié par une grande proportion d'hydrogène. En effet, et nous l'avons déjà plusieurs fois fait remarquer, ne sait-on donc pas que, pendant l'existence prolongée d'une contagion, en soustrayant indiscrètement du corps une trop grande proportion d'oxigène, par le traitement antiphlogistique de la fièvre inflammatoire, on multiplie ainsi la proportion déjà exagérée de l'azote, et l'on fait dégénérer cette fièvre en adynamique, dont le moyen curatif est cependant l'oxigène même, comme le plus efficace, le plus nécessaire, si l'on parvient donc à la mettre dans le sang, en proportion supérieure ou au moins égale à celle de l'azote modifié, la cause immédiate des maladies de l'ordre des putrides, dont ce principe oxigène, par sa propriété acidifiante-concrétante, secondée des vertus du principe amer, arrête et même détruit l'intensité de leurs symptômes alarmans, en neutralisant donc l'influence putrescente de leur cause immédiate; et si ces fièvres, d'après les considérations précédentes, étoient envisagées, sans préventions systématiques, du côté de la nature spéciale et diverse de leur cause immédiate, qui joue nécessairement en elles le principal rôle dans toute maladie dont elle est partie intégrante, ne pourroit-on donc pas , sans blesser le raisonnement , donner à l'inflammatoire la dénomination de *fièvre oxi-génique* , et à la putride celle *d'azotique ?* D'ailleurs , ces dénominations sont préférables , ce nous semble, à toutes autres, en ce qu'elles font nécessairement et simultanément naître, dans l'esprit du jeune médecin, les idées identifiées de la nature spéciale et de ces maladies , et de leurs causes , et de leurs symptômes individuels, pathognomoniques , et enfin des moyens curatifs de chacune d'elles , alors directement indiqués. Objectera-t-on , contre ces dénominations , que nous proposons ici avec confiance, sans d'autres vues que d'être utile, l'impossibilité où la science est encore de les faire exactement connoître, ces causes ? Nous le savons ; mais pourquoi cependant rejetteroit-on l'étiologie que nous en donnons, quand elle ne peut conduire le jeune médecin dans un autre chemin que celui généralement battu , par tant de praticiens éclairés ? D'ailleurs , elle peut aider son raisonnement et même quelquefois satisfaire l'esprit des personnes qui , à cet égard , pourroient lui faire quelques questions embarrassantes , surtout pour lui.

§ XXIV.

Mais encore , errerions-nous , en considérant individuellement les deux espèces diverses de maladies dont nous nous occupons spécialement ici , sous un autre point de vue , en disant , par exemple , que l'inflammatoire est une fièvre à sang et à fibre musculaire , trop rouges , trop denses ; que la putride est une fièvre à sang et à fibre motrice , trop noirs , trop tendres ? Si cependant cette distinction étoit de quelque utilité , ne pourroit-on donc pas encore former un troisième ordre des maladies à sang et à fibre musculaire, trop blancs, trop tenus,

de la cause immédiate desquelles, n'en connoissant pas
suffisamment la nature, nous nous abstenons de parler?
d'ailleurs, est-elle, cette cause, un principe ou un composé quelconque, qui peut manquer alors ou exubérer dans le sang? L'on sait combien le fer, même sous
diverses formes, y est efficace; aussi, d'après notre
propre expérience, pouvons-nous dire avec Fuller : *Cha-*
libeatorum virtus diu jam constat quod, post eorum usum,
color virginum pallidus brevi mutetur in rutilum, pulsus an-
teà incitatur.

§ XXV.

L'homme, on le sait, est composé de fluides et de
solides nécessaires pour son maintien à l'état physiologique, la seule mesure du pathologique (*ut curvi norma*
rectum, ita morbi sanitas. Gaubius, L. C.). Ces deux parties sont en contact permanent, agissent et réagissent nécessairement les unes sur les autres, subissent et la
même nutrition et la même dénutrition ; se métamor-
phosent réciproquement et successivement les unes dans
les autres, quelquefois même à l'état pathologique ;
vivent d'une vie commune et ainsi par les mêmes
lois de l'économie animale, qui tendent toujours à les
animaliser ; mais, la vie éteinte, elles, ces lois, les
abandonnent à l'empire des chimiques, le dernier terme
de la putréfaction, de la décomposition du corps; enfin,
nous demandons si donc les fluides et les solides de
l'homme, aussi parfaitement identifiés qu'ils le sont,
peuvent être individuellement susceptibles d'une médi-
cation quelconque, spéciale, et si d'ailleurs il est au
pouvoir du médecin, quelle que soit la doctrine médicale qu'il professe, de faire parvenir directement soit aux
seuls fluides soit aux seuls solides un médicament quel-

conque, d'en borner là ses effets et de les bien calcu-
ler? D'ailleurs, on le sait encore, tout moyen quelconque qui parvient dans la masse des humeurs, lui
imprime nécessairement sa nature spéciale, et consécu-
tivement aux solides dont elle détermine la diathèse ;
néanmoins, des auteurs, même distingués, disent : le
médicament n'est point possesseur de force curative
immédiate, et ainsi, il n'est pas altérant des humeurs ;
s'il est utile, c'est parce qu'il est doué d'une faculté
mutatrice, perturbatrice, qui change l'ordre des propriétés vitales, le jeu des organes ; cette condition est
de rigueur. Mais, tiendroient-ils absolument, ces auteurs, à cette doctrine perturbatrice, etc., s'ils se rappe-
loient que la contagion du *virus* pestilentiel, quelquefois
tue et dissout le corps subitement ; que l'inoculation du
poisson *l'upas tuenta* en fait autant en quelques minutes ;
que la transmission, par la morsure, du venin du ser-
pent hémorroüs, en dissolvant le sang, en détermine
le diapédèse ; que ces phénomènes ne sont point les
conséquences directes de perturbations organiques, mais,
bien plutôt d'un mélange, avec le sang, de principes azotiques ou en ayant les propriétés, puisque comme
moyens curatifs, les oxigéniques y sont nécessairement
indiqués. Il arrive encore assez souvent un autre phénomène, inquiétant l'individu qui l'éprouve, mais aussi
indépendant du changement du jeu des organes que les
précédens : c'est, par la morsure de la vipère, l'intus-
susception de son venin, d'une nature *oxigénique*, et
ainsi opposée à celle des délétères ci-dessus, puisque
les médicamens les *azotiques* en sont les curatifs et même
spécifiques ; d'où l'on peut raisonnablement conclure
que tout moyen quelconque qui pénètre jusqu'à la masse
des humeurs, ne altère donc nécessairement la crase, la

diathèse , enfin l'état chimique ; aussi , nous semble-t-il utile de créer deux classes de médicamens , composées l'une des *azotés* , et l'autre des *oxigénés* , d'une manière sensible. Notre propre expérience nous a appris combien elles pourroient faciliter le jeune médecin dans sa pratique. D'ailleurs , quant à notre doctrine , fondée sur ce que la masse des humeurs et le système général organique du corps sont parfaitement identifiés , et que l'une ne peut être lésée , altérée essentiellement sans l'autre , etc. , nous ne pouvons concevoir comment cependant il s'en trouve de différentes espèces ; nous la modifions sans doute , comme l'état ou physiologique , ou pathologique , est lui-même modifié, altéré.

Je termine cet Essai sommaire qui , sous bien des rapports , a besoin d'indulgence. Je ne le publie qu'à dessein d'être utile au jeune médecin , encore moins instruit que moi.

FIN.